交通热点面对面·2012

收费公路怎么看

Transportation Headlines Q & A: Tolls

交通运输部新闻办公室
交通运输部规划研究院

内 容 提 要

本书针对社会关注的收费公路问题，从收费公路的由来与发展、政策实施效果、债务与收支情况、收费与物流成本，以及未来收费政策的完善等方面进行了全面、系统的梳理与解读。

本书编写采用了通俗易懂的问答形式，便于社会公众阅读和理解，也可供地方各级人民政府、交通运输主管部门、公路管理机构、收费公路经营管理单位以及从业者和相关科研单位、社会各界人士用于收费公路政策的解读、宣传、学习。

图书在版编目（CIP）数据

收费公路怎么看：交通热点面对面：2012 / 交通运输部新闻办公室，交通运输部规划研究院编著 .—北京：人民交通出版社，2013.11
ISBN 978-7-114-10958-4

Ⅰ. ①收… Ⅱ. ①交… ②交… Ⅲ. ①公路费用－征收－中国－问题解答 Ⅳ. ①F542.5-44

中国版本图书馆 CIP 数据核字（2013）第 252746 号

书　　名：收费公路怎么看——交通热点面对面・2012
著 作 者：交通运输部新闻办公室　交通运输部规划研究院
责任编辑：刘　君　王杰生
出版发行：人民交通出版社
地　　址：（100011）北京市朝阳区安定门外外馆斜街 3 号
网　　址：http://www.ccpress.com.cn
销售电话：（010）59757973
总 经 销：人民交通出版社发行部
经　　销：各地新华书店
印　　刷：中国电影出版社印刷厂
开　　本：787×980　1/16
印　　张：4.5
字　　数：50 千
版　　次：2013 年 11 月　第 1 版
印　　次：2013 年 11 月　第 1 次印刷
书　　号：ISBN 978-7-114-10958-4
定　　价：38.00 元

（有印刷、装订质量问题的图书由本社负责调换）

目录

CONTENTS

Part 1

收费公路的由来与发展

2012 年公路资金供需情况（单位：亿元）

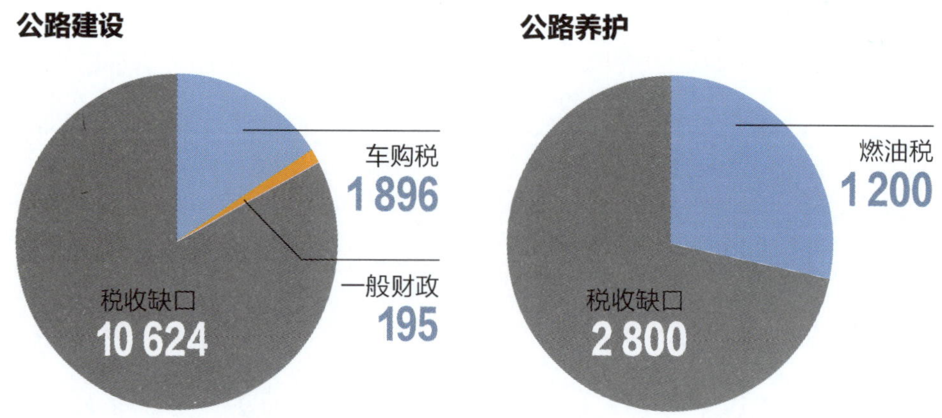

注：专项税包括“车购税”和“燃油税”，一般财政资金包括中央预算内资金、地方预算内资金、中央国债资金。

1. 为什么公路要收费?

世界上并没有真正意义的免费公路，公路的建设和维护都需要大量资金。国际通行的筹集方式主要是“专项税收”和“车辆通行费”。人们常说的非收费公路实际上是“收税公路”，其建设、养护资金主要来源于公众买车时缴纳的车购税、加油时缴纳的燃油税。目前，中国的车购税大约只能满足公路建设资金需求的 15%，燃油税也只能满足公路养护资金需求的 30%，剩余的建设与维护资金缺口则需要先通过吸引企业、社会投资和向银行贷款解决，然后逐年向公路使用者收取车辆通行费支付养护管理费用以及偿还企业投资和银行贷款本息。我国现有的大部分高等级公路都是依靠这种融资方式建成的，所以使用这些公路时就需要支付通行费。

背景介绍

改革开放后8年（1978至1985年），我国公路的客运量增长了219%，货运量增长了531%，汽车保有量增长了136%，但由于政府财力严重不足，这8年间，全国公路总里程仅增长了5.9%，公路发展基本陷于停滞。到1985年年底，全国二级及以上公路里程只有2.1万公里（仅相当于现在山西省的二级以上公路里程）。全国超过35%的公路是简易的等外公路，近30%的公路“晴通雨阻”，车辆平均行驶速度不足30公里/小时，从北京到天津的166公里的路途需要6个小时才能到达。北京附近的107国道、104国道都发生过因严重堵车导致交通瘫痪超过7天的情况。落后的公路基础设施成了改革开放初期中国经济社会发展的“瓶颈”制约。

政策传真

为了尽快解决公路基础设施严重不足对经济社会发展的“瓶颈制约”，在广东省探索“贷款修桥”的成功经验基础上，1984年国务院第54次常务会议作出了“贷款修路、收费还贷”的重要决定，从此改变了单纯依靠政府财政建设发展公路的局面，为此后中国公路事业的跨越式发展奠定了政策和制度基础。

专家点评

世界上没有免费的午餐，公路也是如此。收税与收费，两种方式的根本目的一样，只是在征收的对象、渠道、标准与效率方面有所区别。在公路规模一定的情况下，收费与收税之间是此消彼长的关系。很多人在呼吁取消公路收费时，往往没有意识到取消收费意味着必须相应增加收税，取消收费并不是简单地把收费站“一撤了之”，还必须同时考虑公路剩余债务的偿还、未来养护管理费用来源、税率与税收政策的匹配等一系列复杂问题。在燃油税费改革时，国家取消了政府二级还贷公路收费，其剩余债务与后续养护费用改由中央财政和地方财政共同承担，实质是用新增的一部分“燃油税”置换了政府还贷二级公路收费，将原由这些二级公路使用者承担的车辆通行费通过收税的方式改为全体车辆用户分担，该费用约为每年260亿元，现行的燃油税税率也是综合考虑了该因素后确定的。所以，在讨论如何提供公路这一公共产品时，需要回答的其实是“收税还是收费”的“选择题”，而不是的“收费或不收费”的“是非题”。而在选择“收税还是收费”时，不仅要考虑征收效率与征收成本，还要综合考虑政策的公平性、合理性，以及国家的发展阶段与政府财政能力。

Tip 名词解释

车购税　车辆购置税，是以在中国境内购置规定车辆为课税对象、在特定环节向车辆购置者征收的一种直接税。由车辆购置附加费演变而来，税率为10%，主要用于公路建设。

燃油税　成品油消费税，其中有80%属于交通专项资金，用于替代原养路费等6种规费，相应的单位税额为汽油0.8元/升、柴油0.7元/升。

一般财政资金　包括中央预算内资金、地方预算内资金和中央国债资金。

2. 什么样的公路可以收费?

按照我国法律规定，只有政府通过贷款、有偿集资款修建的公路和企业投资建设或依法受让收费权的公路可以收费。收取的通行费除偿还债务本息或收回投资并获得合理收益外，还必须承担公路的日常养护管理与周期性大中修费用。根据建设资金来源和运营管理主体的不同，我国收费公路分为“政府还贷公路”和“经营性公路”两种。同时，法律还规定，全额由政府财政投资建设、养护的公路不得收费，技术等级未达到二级的公路不得收费。也就是说，只有不属于财政全额投资建设、养护的高速、一级、二级公路以及独立的桥梁、隧道才可以收取通行费，且收费站的设置与收费标准必须经过省级人民政府的审核批准。

内　　容	政府还贷公路	经营性公路
投资主体	政府交通主管部门	国内外经济组织
收费主体	公路管理机构	投资主体组成项目经营机构
资金来源	政府资本金、贷款或集资	自有资金和贷款为主
收费性质	行政事业	企业经营
收费用途	偿还贷款或集资本息	收回投资并取得合理回报
项目要求	具有偿还债务能力	具有一定经济效益
路政管理	政府交通主管部门	政府交通主管部门
养护管理	公路管理机构	项目经营机构
税收政策	免缴营业税和所得税	缴纳营业税和所得税

政策传真

1984 年制定收费公路政策时，我国的经济体制改革还处于摸索阶段，对收费公路融资的认识尚停留在“政府借钱修路”或者是“引进企业投资修路”两种方式上。因此，政府借钱修的路就是还贷路，还完贷款就停止收费；吸引企业投资的路，是要约定一个固定的收费期，收费收入是企业的投资回报。1997 年的《公路法》和 2004 年的《收费公路管理条例》等陆续出台后，收费公路政策以法律法规的形式明确下来。

Tip 名词解释

经营性公路 国内外经济组织投资建设或者依照《公路法》受让政府收费还贷公路收费权的公路。经营性公路由依法成立的公路企业法人建设、经营和管理。

政府还贷公路 县级以上地方人民政府交通主管部门或事业法人单位利用贷款或者向企业、个人有偿集资建设的公路。建设和管理政府还贷公路，应当按照政事分开的原则，依法设立专门的不以营利为目的法人组织。

公路技术等级 公路根据使用任务、功能和适应的交通量的不同，分为高速公路、一级公路、二级公路、三级公路、四级公路五个等级。

《收费公路管理条例》（简称《条例》） 于2004年8月18日国务院第61次常务会议通过，2004年11月1日起施行。《条例》对收费公路建设和收费站的设置、收费公路权益的转让、收费公路的经营管理都作了明确规定，是收费公路政策出台后第一部针对收费公路的专门法规。

3. 中国的收费公路有多少？

2012 年底，全国收费公路总里程为 15 万公里，其中政府还贷公路 9.5 万公里，约占 63%，经营性公路 5.5 万公里，约占 37%。全国收费的高速、一级、二级公路分别为 9.17 万公里、2.54 万公里、3.22 万公里，此外还有独立收费的桥隧 760 公里，全国共有主线收费站 1 838 个。

2012 年底，我国公路总里程为 423.8 万公里，其中高速公路 9.6 万公里，一级公路 7.4 万公里，二级公路 33 万公里。高速、一级、二级公

路中目前仍在收费的里程占比分别为95%，34%，9.7%。其中二级公路中的收费里程占比与2009年以前相比大幅下降，主要是由于成品油税费改革时国家启动了逐步有序取消政府二级还贷公路的工作，将对其“收费”改为了“收税”。截至2012年年底，全国共取消政府还贷二级公路收费站点2 383个，减少收费里程12.41万公里，这些公路的剩余债务约为7 450亿元，每年利息约为490亿元，将通过燃油税等方式由中央财政与地方财政逐年化解，预计大约需要超过15年的时间。目前尚未取消收费的政府还贷二级公路全部集中在西部的六个省区，当地政府将结合本行政区的财政情况与公路规划研究确定具体的取消时间与操作方案。

国外看点

进入21世纪后，世界上越来越多的国家开始采用收费公路政策。截至2005年，除中国之外，利用收费公路政策的国家或地区已经有60个，主要集中在高速公路、桥梁、隧道等封闭式的路段容易实现排他收费的公路项目。欧洲的一些国家和日本采用收费公路政策建成了本国的高速公路系统。近年来，随着收费技术的发展和经济形势的变化，收费公路政策在全球呈现了扩大应用的趋势。美国、德国、俄罗斯、瑞士、印度等国，也逐渐在扩大收费公路政策的实施范围。欧盟已经通过决议，于2012年起对行驶在欧盟所有国家的高速公路以及整个欧洲公路网上的3.5吨以上货车收取车辆通行费。目前，全世界除中国外，累计拥有收费公路约15万公里。

4. 为什么中国收费公路多?

一是中国公路货运周转量长期位居世界第一，对公路发展有非常高的需求。截至 2011 年底，我国公路总里程达到了 410.6 万公里，其中高速公路里程达到了 8.49 万公里，仅次于美国的 10 万公里，超过了加拿大、西班牙、德国、法国、日本、意大利、墨西哥、英国、韩国 9 个国家高速公路里程之和。公路里程特别是高速公路里程基数如此之大，是由中国高居世界第一的公路货运周转量所决定的。早在 2008 年，中国公路货运周转量就达到了 3.28 万亿吨公里，是同期美国的 1.74 倍，德国的 6.95 倍，超过了美国、德国、法国、俄罗斯、英国、加拿大 6 个发达国家之和，这既反映了中国“世界工厂”的经济结构特性和发展阶段特征，也与中国的国土面积、资源分布、人口布局、路网规模密切相关。

2011 年世界主要国家高速公路里程（单位：公里）

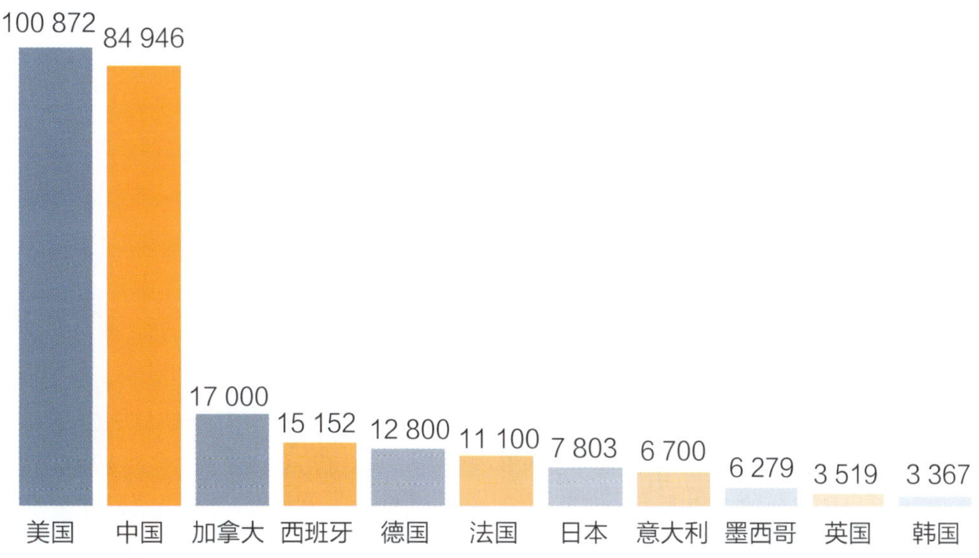

注：图中美国公路里程数据摘自美国联邦公路局网站2011年公布的数据；
中国公路里程数据摘自2011年出版的《公路统计资料摘要》，2012年我国高速公路里程已达到9.62万公里；
加拿大等9国公路里程数据摘自《中央情报局世界概况》中2011年数据。

二是与国外不同，中国的专项税远不能满足公路建设养护的巨大需求。目前中国用于公路的专项税仅能满足公路建设养护需求的15% ~ 30%，这是我国公路起点低、基础差、发展需求高造成的，也是经济社会发展阶段特性与公众对税收的承受力所决定的。反观其他国家，美国公路发展历程长，建设强度低，公路专项税的税种多、税率高，还建立了联邦公路信托基金。依据1956年美国《联邦资助公路法》，联邦政府承担了国家公路建设项目投资的90%，州政府还可以根据公路实际需求自行制定本州的燃油税率和发行公路债券，这使得美国公路发展每年的资金需求与专项税的收入基本相当，而且随着专项税收的增长和建设需求的逐步下降，还出现了税收盈余。2010年，美国公路总里程达到655万公里，其中高速公路9.9万公里。美国全年公路总支出为2 053.2亿美元，其中建设支出1 001.8亿美元，维护与管理支出928.6亿美元，还债支出122.8亿美元；而同年美国公路专项税费总收入为2 209.8亿美元，收支相抵盈余约156.6亿美元（以2010年12月31日汇率6.62换算折合人民币约1 000亿元）。因此美国不需要采用以收费为主的方式发展公路。这正是美国高速公路规模与我国相当，但收费里程远低于我国的根本原因。实质上，这是一个国家的公路发展是“以收税为主”还是“以收费为主”的公共政策选择问题。

2012 年底高等级公路分类情况（单位：公里）

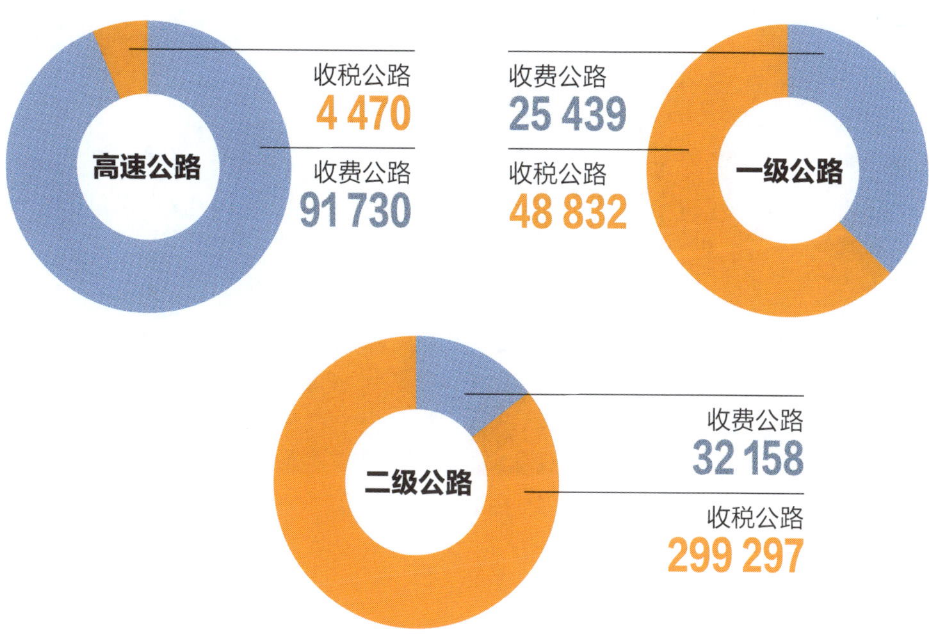

三是依靠收费公路政策支撑了我国经济社会的快速发展。发达国家高速公路建设是在 20 世纪 30 年代启动的，而中国大陆直到 1988 年 10 月 31 日沪嘉高速公路通车才有了第一条高速公路，之后仅用 20 多年就基本赶上了发达国家的水平，世行报告指出："还没有任何其他国家，能够在如此短的时间内，大规模提高其公路资产基数。"经济社会对公路运输的旺盛需求决定了中国公路的发展速度，也决定了公路发展资金的需求强度，在专项税收长期严重不足的情况下，我国只能通过收费公路政策吸引社会投资和银行贷款，用未来的钱，修今天的路。我国现有公路网中，97%的高速公路、61%的一级公路、42%的二级公路，都是依靠收费公路政策才得以建成的。

专家观点

在行路难、行车难已经成为历史的今天，一些人开始谈论“中国的收费公路最多、国外的公路都不收费”，并以此质疑国务院出台的收费公路政策。其实，他们忽略了这句话的另一层含义，那就是“中国的非收税公路最多”。因为除了少量资本金外，这些收费公路的建设和养护资金完全来自于贷款、有偿集资、社会投资和通行费收入等“非税收资金”。在财政资金严重不足的情况下，能建成如此多的高等级公路，支撑经济社会的快速发展，其实是非常了不起的成就。世界银行报告也指出：“在这一史无前例的高速公路网扩展的同时，一级和二级公路在中央政府和全国 31 个省的协作努力下迅速发展。”自 1985 年至 2012 年年底，我国高速公路从无到有达到了 9.6 万公里，一级公路、二级公路分别增长了 175 倍和 15 倍，分别达到了 7.4 万公里和 33 万公里。如果没有收费公路政策，仅靠“收多少税，修多少路”的发展模式，就不会有这些高等级公路和如此发达的公路运输网络，也就无法支撑经济社会发展的运输需求，更不可能有中国经济社会发展的今天。

世行观点

1990年到2005年期间，中国建成了大约4.1万公里高等级收费高速公路，现称为“国家高速公路网”。同时，也对大约40万公里的地方和乡镇公路进行了改造。迄今为止，中国高速公路和规划中的投资与美国和日本过去的同等投资相当，并且已经达到相同的规模。美国和日本都花了超过40年来建设其国家高速公路网；美国的建设始于20世纪50年代中期，日本的稍晚，大约晚于美国10年。两国在建设初期的人均国内生产总值都要高于中国，因此也更负担得起如此规模的投资。中国的高速公路建设只有20年的历史，且主要集中在1990年后。中国高速公路网快速发展背后的关键因素之一，即通过自筹资金和国内外贷款集中中央和省级政府的资源。通常各省由其预算和债务承担66%到90%的基建投资。交通部制定政策和标准，并对建设费用提供补贴。私营部门通过不同形式的特许方案提供少部分的融资。

——《中国高速公路：连接公众与市场，实现公平发展》(2007年)

5. 为什么95%的高速公路收费?

一是高速公路造价很高，公路的建设里程也相对长，与其他公路相比，财政全额负担的难度非常大。公路属于资金密集型基础设施，具有建设成本高、土地占用多、投资规模大的特点。特别是近些年来，随着公路征地、材料费用、人工成本的不断上涨，公路造价也在逐年攀升，以四车道高速公路为例，20世纪90年代的平均造价为每公里2 000万元，到2004年上涨到了每公里4 000万元，2011年上涨到每公里近7 000万元。目前，西部地区一些施工难度大的新开工项目造价超过了每公里1亿元。

二是高速公路的全封闭特性和提供的差异化服务适合计量收费。按照受益者负担的原则，高速公路用户理应承担一定费用，以支付高速公路建设、管理和养护支出。另外，相对于开放式的一级、二级公路，高速公路的全封闭特性便于确认车辆行驶里程，而开放式的普通公路只能采用按次收费的方式且必须设置大量主线收费站。高速公路一般只有在起点和终点（省界）设有主线站，所以征收成本较低，而且收费对全线的交通影响也有限。高速公路较之普通公路，能够提供差异化服务，在正常情况下，高速公路用户能够获得更快更好的公共服务，在节约时间、节约燃油、提高安全性等方面，直接和间接的受益也远大于普通公路用户。

三是高速公路采用使用者付费的方式更加公平。收费与收税本质目的是一样的，都是公众通过支付费用的方式来获得公共产品和公共服务，但两种方式也各有特点和优势。收税方式效率高、成本低，但缺点是无论车主是否使用征税修建的高等级公路都需要交税。目前我国高速公路用户并没有涵盖所有车主，很多私家车的出行还是主要集中在市区，所以采取谁使用谁付费的收费方式更能体现公平，更能反映不同公众对公共产品或公共服务的使用量差异，即使用更多更好公共服务的人需要支付更多的费用。

专家观点

普通公路和高速公路，在某种程度上，就像是税收承担的义务教育和个人付费的高等教育。如果把所有使用高速公路车辆的通行费免除，通过加税的形式由其他不使用高速公路的公众或车主承担，就必然要大幅提高现行的专项税率，也难免违背公平公正的原则，就像没有上大学的人却要分担大学生的学费一样。在正常情况下，高速公路用户相比普通公路用户能够获得更多更好的公共服务，相比同样里程的普通公路，高速公路用户可以节约50%的行驶时间、减少约30%的燃油消耗，安全性也提高一倍。因而，高速公路采用“谁使用，谁受益，谁负担”的使用者付费方式更有效率也更公平。

Part 2

收费公路政策的实施效果

6. 收费公路政策给公路发展带来了什么？

收费公路政策的实施，极大地加快了中国公路建设的步伐。1984至1988年期间，中国平均每年开工建设的收费公路项目在10个左右。1989至1992年，平均每年新开工的收费公路项目增加到37个。沈大、京津塘、广深、济青、沪宁、成渝等一批高速公路项目相继开工建设。

我国高等级公路发展历程（单位：万公里）

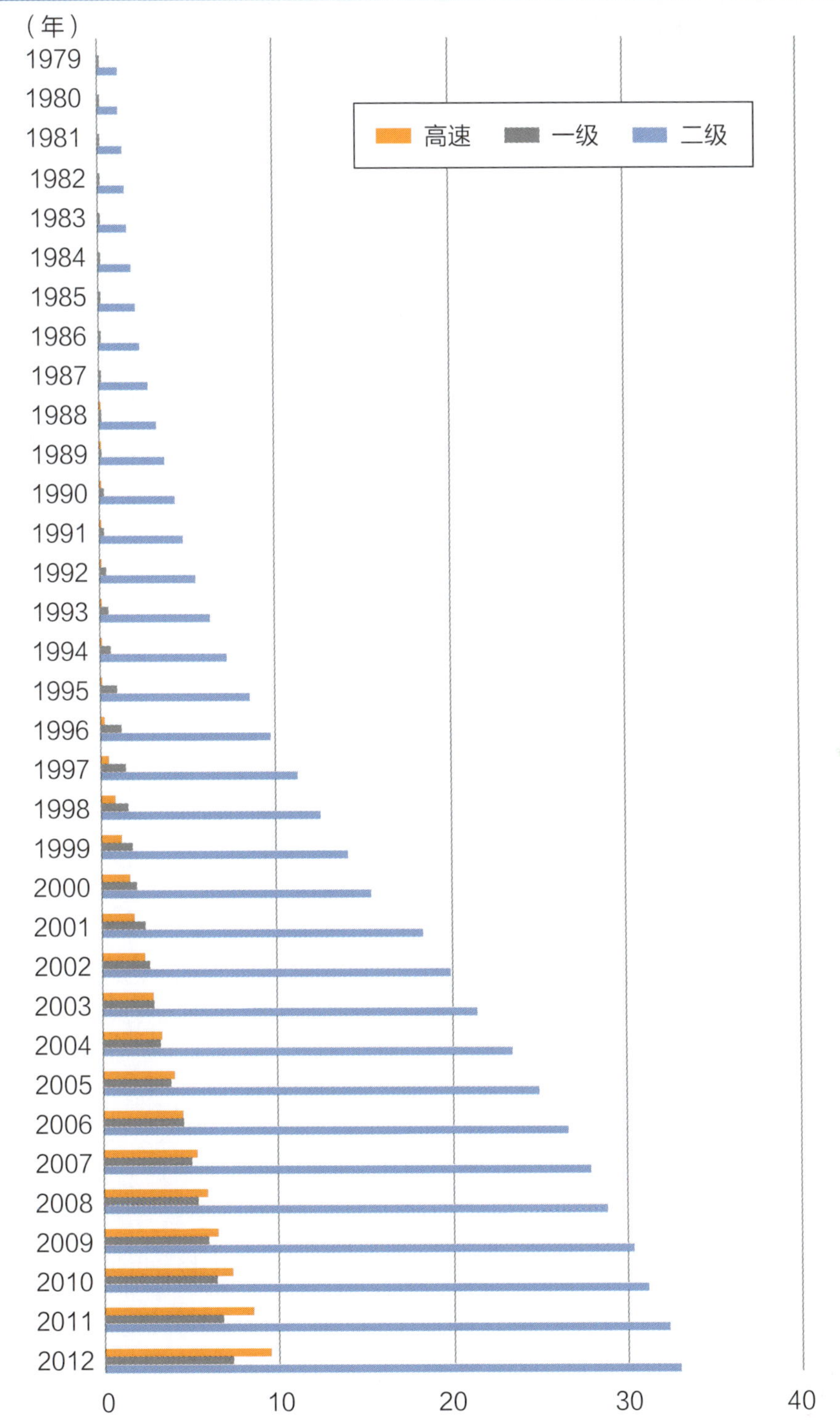

7. 收费公路为经济发展带来了什么?

交通运输是一个国家经济社会发展离不开的基础条件。现代经济的发展得益于资源要素的更优配置，社会的进步得益于多元文化的认同和传播，它们的基础是物资和人员的不断流动和交融。因此，交通发展的状态和结果决定着经济社会发展的水平，经济社会的现代化必植根于交通运输的现代化。实施收费公路政策使中国仅用二十多年时间就赶上了发达国家的公路发展水平，快速突破了交通对经济发展的“瓶颈制约”。交通条件的快速改善，使公路运输的时间和成本大幅降低，促进了传统产业的转型升级，加快了产业聚集，改善了投资环境，优化了区域分工，创造了巨大的经济效益和社会价值。

大幅改善投资环境

“要想富，先修路”。公路交通基础设施投资对国民经济持续增长的基础性作用十分重要。交通对社会分工影响重大，而社会分工是促进国民财富增长的重要推动力量。实施收费公路政策以来，公路数量和质量的提高，大幅降低了公路运输的时间成本，创造了巨大的经济效益和社会价值。国际相关机构评价说：由于过去二十年间中国中央政府和地方政府为公路等基础设施建设筹集了大量的资金，大幅推进了投资环境的实质性改善，显著促进了全国市场的统一。

促进相关产业发展

公路交通基础设施建设投资，一方面直接拉动国民经济增长，另一方面也带动了相关产业发展。依靠收费公路政策，从 1997 年年底到 2000 年，共筹集公路建设资金 1 730 亿元，新增高速公路里程 11 543 公里，仅此就增加了346万个就业岗位，同时也拉动了对工程机械、砂石、水泥、钢材和沥青等筑路材料的巨大需求，从而直接带动了与公路交通密切相关的物流、汽车制造、旅游等产业的发展。收费公路政策为国家实施积极财政政策、拉动内需、促进经济稳定增长发挥了巨大作用。

世行观点

中国过去15年来在经济增长和消除贫困方面取得了举世瞩目的成就。其重要成就之一是基础设施，尤其是交通基础设施的发展。中国各种交通模式的网络都得到了扩展，为今后更远大的发展目标提供了必要的基础设施保障。道路交通的重要性不言而喻，国家高速公路网改变了中国国内的出行状况。在1988年中国大陆第一条高速公路对公众开放之前，在中国公路网上出行困难重重。那时的公路大都依地形修建，以降低成本和减少工程量，路面和通行条件很差，延误和堵车是家常便饭。而高速公路更多采用土方填挖、建造桥梁、隧道等措施，使道路更加顺直，从而在很大程度上减少了行驶距离，提高了行驶速度。行驶时间、距离和车辆运行成本的降低为消费者和生产商节约了大量资源。

——《中国高速公路：连接公众与市场，实现公平发展》(2007年)

8. 收费公路为人民生活带来了什么？

出行更加便利快捷

在收费公路政策的促进下，中国公路路网结构得到明显改善，公众出行更为便捷、通畅。2006 年，全国国道网平均车速达到 64 公里 / 小时，其中国道主干线平均车速 100 公里 / 小时，一般国道平均车速 54 公里 / 小时，比 1985 年提高了 2 倍多，极大地缩短了城乡间的时空距离。苏北老区至北京的行车时间仅为 8 个小时，与上海的车程缩短为 3 个小时，当日即可往返。

增加更多就业选择

2006 年 11 月，京沪高速公路的全线贯通，极大地改善了沿线乃至中国东部沿海、环渤海和长江三角洲地区的投资环境，促进了区域内人民群众就业观念的转变，走出家门，寻找更大的发展空间，已不再受到交通条件的制约。位于京沪高速公路中间的临沂市的产品运输成本平均下降 20% 左右，经贸人员的来往聚集使该市正在迅速变成全国第三位的商品批发市场群落。因修建京沪高速公路，江苏省增加就业岗位 10 万多个。

减少贫困促进公平

收费公路政策不仅直接推动了高等级公路建设的快速发展，也有力地促进了中国农村公路交通条件的改善。正是得益于收费公路政策，通过金融市场为高等级公路建设筹集了大量的资金，政府才有财力加大对农村公路建设投资的倾斜力度，使在本世纪前实现具备条件的乡（镇）和建制村通沥青（水泥）路的目标成为可能，极大地提高了农村公路网络化服务水平，使农民群众出行更便捷、更安全、更舒适，为统筹城乡发展和社会主义新农村建设提供了有力的支撑。

专家观点

收费公路政策带来的公路面貌的巨变，使地区间的交往距离缩短了，出行半径扩大了，减少了重要通道的交通拥堵，出行时间更容易预测。收费公路使内地大部分县城与本省省会城市能够当天往返，几乎所有20万以上人口的城市都能够实现半小时上高速公路，几乎所有的5A和4A级景区都能够自驾到达。收费公路加强了城乡之间的联系，促进了东、中、西部的交往，促进了都市群的发展，增进了文化的交流，丰富和影响了人们的生活。如果当初没有这项政策，那么中国目前大约只有不足1万公里的高速公路，一、二级公路也会减少50%以上，农村公路中的“村村通”目标还将是一个遥远的梦想，农产品的长距离运输也无法实现，北方的百姓将不可能像现在这样方便地购买到海南的蔬菜和水果。如果没有这么多高等级公路，我们的生活也不会如此丰富和便利。

世行观点

从公路交通投资对缓解贫困所产生的经济影响分析，对中国西部省区的投资活动所产生的经济影响要比东部省区高出约10倍。2001年11月，贯穿四川、重庆、贵州、广西四地的西南出海通道高速公路通车，沿线共覆盖6 400万人口、28个国家级贫困县及少数民族聚居区。高速公路的开通，使这些地区的水果等鲜活农产品销量及收购价格提高，一些地方已经初步形成农产品产业化生产基地，具有生态资源和民俗资源的山区已经进行旅游业开发。公路交通基础设施的改善促进了农产品和劳务的商品化，提升了农民群众的生产生活条件，使生活在贫困地区的人们改善了教育、医疗等福利条件，得到了公平发展的机会，对交通欠发达地区经济社会发展具有积极的推动意义。

——《中国高速公路：连接公众与市场，实现公平发展》(2007年)

9. 如果停止执行收费公路政策将会怎样?

在公路里程规模相同的情况下，公路收税与公路收费之间是此消彼长的关系。如果现在取消这项政策，完全停止公路收费，至少会有四部分费用需要转由专项税承担。一是新建公路的资金缺口，按《国家公路网规划（2013 年—2030 年）》测算，大约一年为 8 000 亿元；二是现有收费公路 2.9 万亿元[①]的债务与利息偿还，按 10 年还清测算，每年需还本付息 3 550 亿元[②]；三是现有 15 万公里收费公路的维护费用（目前由通行费承担），每年至少需要 900 亿元（尚未包含独立收费桥梁和隧道的维护）；四是由公共财政对企业投资的经营性收费公路权益进行一次性赎回，也需要数千亿元。因此，停止收费后每年需要新增的专项税收入将超过 12 450 亿（未含经营性公路赎回）。照此测算，车购税税率要从

① 该数据来源于《2012年统计摘要》。
② 该数据已超过当前公路的车购税与燃油税之和。

10%提高到50%才能解决建设资金缺口，燃油税税额要从每升0.8元提高到每升3元才能确保债务正常偿还和公路的基本维护。这对车辆购买者和使用者都会增加很大的负担。

政策传真

2012年11月至2013年2月，审计署对15个省、3个直辖市及15个省会城市、3个市辖区，共计36个地方政府2011年以来取消政府二级还贷公路的债务情况进行了审计，主要结论是“部分取消收费地区的政府还贷二级公路债务偿还面临较大压力。近年来，部分省份取消收费后，政府还贷二级公路的债务偿还、公路养护和建设资金完全来源于财政，虽然中央财政对截至2008年年底已锁定的债务余额给予一定比例的补助，但由于锁定年度之后新产生的债务尚未给予补助且中央财政不承担债务利息，加上部分地方财政资金不到位等原因，有些地方政府偿债压力较大，甚至出现逾期债务。截至2012年年底，在2011年年底前已取消收费的15个省份中，12个省和9个省会城市负责偿还的政府还贷二级公路债务余额1 311.61亿元，比2010年增加423.93亿元，增长47.76%。2012年，有6个省和1个市通过举借新债偿还政府还贷二级公路债务170.69亿元，借新还旧率为66.92%；3个市和1个省已出现逾期债务31.09亿元”。

世行观点

如果中国政府决定完全依靠燃油税来支持各种公路维护支出，燃油的税后价格将比2006年中期的油价高30%。如果将税后油价提高到2006年中期油价的3倍，所得税收就可以足够支付所有的养护和规划中公路的建设费用。按照2006年6月30日北京市93号汽油价格每升5.09元计算，如果中国所有公路养护和建设费用全部来源于税收，那么，油价最高每升将达15.27元。

——《中国高速公路：连接公众与市场，实现公平发展》(2007年)

10. 收费站是造成公路拥堵的原因吗?

造成公路拥堵的原因主要有车流量大、交通事故、恶劣天气、公路养护施工等。收费带来的拥堵主要发生在高速公路主线收费站，即当通过收费站的交通量超过了收费站设计通行能力时带来的收费拥堵。这种情况一般发生在特定的交通量突增的时段，例如大都市附近的主线收费站在早晚进出城高峰时段，节假日集中进出城时段。平时，由于每条高速公路只有一或两个主线站（起点站和省界站），因此，收费对全线的影响相对有限。全国路网运行监测显示，更多的拥堵是发生在通过收费站之后的公路主线上，如 2010 年的京藏公路大堵车，由于运煤车辆剧增，拥堵从北京延伸至内蒙古境内达 100 多公里，断断续续长达 20 多天。在 2011 年中国干线公路发生的 8 413 起阻断事件中，40% 是由恶劣天气引起的，23% 是由施工养护引起的，21% 是由事故灾难引起的，这三种情况占了所有公路阻断事件的 84%，交通量过大、收费等其他原因占 16%。

案例分析

2012 年国庆期间，全国范围出现了高速公路拥堵，大部分拥堵都发生在通过主线收费站之后的路段上，有的地方严重拥堵路段长达十几公里，主要是车流量远远超过公路设计通行能力导致的，同时车流量的超负荷也使得交通事故频发，轻微的交通事故或车辆故障都会造成主线交通的严重拥堵甚至中断。此外，车流密集路段的高速公路服务区也出现了容量无法满足需求的现象，有些服务区还发生了溢出现象，很多车辆在服务区入口匝道甚至主线上排队滞留，严重影响了高速公路主线通行。为此，一些地区被迫采取了高速公路入口封闭和打开隔离带引导车辆掉头返回等措施。由此可见，集中出行的旺盛交通需求与基础设施服务能力上限的矛盾，是造成公路拥堵的根源。

国外看点

设站收费的方式的确会对公路通行产生一定影响，有一些技术手段也可以缓解收费站拥堵，比如电子不停车收费、人工复式收费、跨省联网收费、卫星定位自动收费系统收费等。目前，德国的货车使用收费公路主要是利用卫星定位来收取通行费的，用户像使用水电一样，根据用量定期为通行卡充值就可以了。采用这种收费的方式，不仅大大降低了人工设站收费带来的交通拥堵和收费成本的问题，也减少了停车次数和对环境的污染。此外，德国还会定期根据公路货运占比的变化，调整收费标准以引导货运向更加绿色低碳的运输方式上转移。

11. 为什么有些公路免费后更拥堵了？

2011年7月，首都机场高速路进京方向免费后，车流量迅速增加，一些原本每天走京密路、机场高速辅路的车辆被吸引到机场高速上，车流量增加了40%，目前交通流量已超过了设计通行能力的2.6倍，每天的拥堵时段从之前的2小时延长至12个小时，平均行车速度从50公里/小时下降为15公里/小时，下降了63%。迫使很多急于进城的车辆选择绕行其他收费高速公路，社会上甚至一度出现恢复收费的呼声。

专家观点

收费与拥堵的关系是一个十分复杂的问题，需要具体情况具体分析，在不考虑收回投资与偿还债务的前提下，对交通量小的收费公路，取消收费确实能进一步提高通行效率和通行速度，甚至可以吸引交通量来缓解平行路段的拥堵，但对于交通量已经接近饱和甚至超过饱和的收费公路，取消收费必然会使流量进一步上升而导致拥堵加剧，结果就是大家都堵在路上，所有用户在节约通行费经济成本的同时却又增加了时间成本和环境成本，甚至会出现油耗增加带来的费用抵消了节约的通行费的现象。因此，对于有限的公共资源或公共产品，向使用者“收费”，不仅可以回收成本，还可以通过价格门槛，对全天交通量削峰填谷，调节供需以达到平衡，从而发挥公路的最大效益。当然，利用收费调节交通有两个关键问题，一是要确保有足够的非收费公路（收税公路）供公众选择，否则都是收费公路而没有其他路径可选择，就不可能起到调节作用；二是调节流量所收取的费用不应属于企业的新增利润，应该全额用于改善公路通行条件和偿还公路债务等公益用途，确保“取之于车，用之于路，惠之于民”。

国外看点

随着公路交通需求的不断增长，试图用人为限制交通或扩建公路来缓解交通拥挤都不是有效方法。在国外，公路收费的合理性与政策目的被进一步拓展。出现了对拥挤道路收费的基本理论，即通过对时间的定价，甄别时间价值不同的通行者，达到控制交通量、提高通行效率的目的。新加坡于 1975 年最先采取了以控制交通拥堵为目的的区域道路收费方案并按照交通高峰时间实行差别化的费率。随后挪威的一些城市及英国的伦敦也相继采取了类似措施。1995 年，美国加州的 SR91 高速公路改建成为中间设置专用车道（HOT 车道）的收费公路。著名的美国金门大桥，本身的贷款早已还完，现在是在为改善城市整体交通设施及大桥的养护在收费，并根据早晚高峰情况在不同时段使用不同的收费标准，以调节交通流量，其通行费收入的使用范围由市议会决定并受严格监管。

收费公路“明算账”

12. 收费公路的债务有多少?

2011 年底，中国收费公路里程达到了 15.2 万公里（不含已取消收费的政府还贷二级公路），累计投资为 39 010 亿元，其中资本金 10 968 亿元，占 28.12%，初始债务为 28 042 亿元，至 2011 年底已偿还本金 4 370 亿元，截至 2011 底，债务余额为 23 672 亿元，每年的利息（未含需要偿还的本金）大约是 1 550 亿元。随着高速公路里程的持续增加，债务余额还在逐年扩大。

国家高速公路网布局方案

13. 公路的维护需要多少钱?

公路、桥梁、隧道等基础设施建成投入使用后并不是一劳永逸的，还需要持续不断的小修保养，并结合路况周期性安排中修和大修工程，如同汽车需要保养一样。沥青路面也像轮胎磨损后需要更换一样，需要定期重新铺装。正常情况下，公路中修、大修的周期分别为 10 年和 15 年，如果小修保养做得不够，或超重超限车辆过多，路面寿命就会大大缩短，导致大中修提前。

目前，中国的公路养护已经实行了市场化改革运作，大中修工程采用公开招标形式引入了竞争机制，以降低养护成本。中国高速公路每年的养护资金需求约为 900 亿元，到高速公路全部建成后，每年的养护需求大约要 2 000 亿元。目前的收费公路养护成本由通行费负担，当收费公路停止收费后，必须要有新的资金来源替代。1996 年，海南省在取消全省过路费、过桥费后，就是用开征省级燃油附加费的方式来作为公路养护资金的新来源。

Tip 名词解释

小修保养 对公路及其沿线设施经常进行维护保养和修补其轻微损坏部分的作业。

中修工程 对公路及其沿线设施的一般性损坏部分进行定期的修理加固，以恢复公路原有的技术状况的工程，一般周期为10年。

大修工程 对公路及其沿线设施的较大损坏进行周期性的综合修理，以全面恢复到原技术标准的工程，一般周期为15年。

国外看点

像美国这样的发达国家，在公路网大规模建设时期结束后，政府面对的主要问题是如何保证建成的公路网得到有效的维护，维护资金的来源是问题的关键所在。在美国明尼阿波利斯发生公路桥梁垮塌事件后，美国运输部官员称，全美约有8千座桥梁存在结构性缺陷，估计还有8万座桥梁安全级别更低。美国每年的公路养护和管理费用约为5 800亿人民币。

14. 通行费收入是怎么用的？

按照《收费公路管理条例》规定，政府还贷公路通行费收入全部存入财政专户并严格实行收支两条线管理，除必要的管理、养护费用从财政部门批准的通行费预算中列支外，全部用于偿还贷款和有偿集资款，不得挪作他用。经营性收费公路的通行费收入除用于公路维护和贷款偿还外，剩余部分用于经营企业收回投资并获得合理回报。以2011年为例：

收费收入 3 178 亿元

2011年度全国通行费收入为3 178亿元，其中高速公路为2 754亿元，一级公路215亿元，二级公路130亿元，独立桥隧79亿元。

还本付息 2 210 亿元

2011年度共偿还银行贷款本息2 210亿元，占全年收入的69.5%（即公众每缴纳10元通行费，有近7元是交给银行用于还本付息），其中偿还本金1 001亿元，偿还利息1 209亿元。

维护费用 **752.7 亿元**

15 万公里收费公路 2011 年的日常养护管理、大中修工程等维护费用支出 752.7 亿元[①]。目前，高速公路大修成本平均为 560 万元 / 公里，中修成本平均为 160 万元 / 公里。

税费支出 **539.6 亿元**

收费公路营业税（3%）、水利基金（3%）、交警经费（按里程定额）以及其他支出合计 539.6 亿元。

现金盈余 **-323 亿元**

2011 年度中国收费公路收不抵支的原因主要有三个：一是大量新通车路段交通量小导致初期收入不足；二是银行贷款集中到期，还本付息支出比 2010 年增加了 388 亿元；三是部分收费公路收费标准下调导致收入下降。

所以，平均来看，收费公路的收费收入中，用户交的 10 元通行费中，7 元是用于偿还银行贷款的本金和利息，2.4 元用于收费公路的日常养护管理和大中修工程，1.7 元用于支付营业税、水利基金等相关税费，整体收支平衡结果为负 1.1 元。政府还贷公路的通行费收入如果不够还本付息和养护，则一般由地方政府利用燃油税或一般财政资金予以弥补。

① 该数据低于实际养护需求，由于资金不足，部分路段存在大中修被迫延迟的情况。

15. 收费公路是暴利行业吗?

2011 年各省级政府公布的收费公路债务余额合计接近 2.4 万亿元，仅当年应还利息就超过 1 550 亿元，偿还本金也至少应需要 1 100 亿元。结合审计署的审计情况综合分析，即使考虑十分之一的债务逾期，2011 年全国各省的收费公路还本付息支出已经占到通行费收入的 70%。随着债务规模的增长，还本付息支出占比逐年上升，2012 年突破 85%。由于剩余通行费收入不足以支付收费公路养护管理、大中修和相关税费，全国收费公路整体处于亏损状态，即收不抵支，亏损超过 10%。审计中也发现这部分亏损缺口主要是通过举借新债的方式弥补。

专家观点

收费公路的真实情况与媒体和公众对收费公路行业“暴利”的认知截然相反，其根源还是收费公路的信息不够公开透明，社会公众误以为通行费收入就是纯利润，并不知道仅收费公路的还贷支出和纳税就占了全部收入的八九成；还有把早期修建的个别低造价、高流量公路的收费情况，等同于收费公路行业的盈利情况，以特例来猜测全局；此外，部分媒体把没有计算还债支出和大中修费用的所谓“毛利率”与“净利率”概念相混淆，并广泛宣传和误导，更是加深了公众的误解。

案例分析

真正反映企业盈利情况的指标是“净资产收益率”。2010 年，在我国 A 股市场 1 600 余家上市公司中，有 19 家高速公路公司。2010 年整个 A 股市场平均“净资产收益率”为 11.7%，而高速公路企业为 10.55%。

2010年A股市场各行业平均净资产收益率（单位：%）

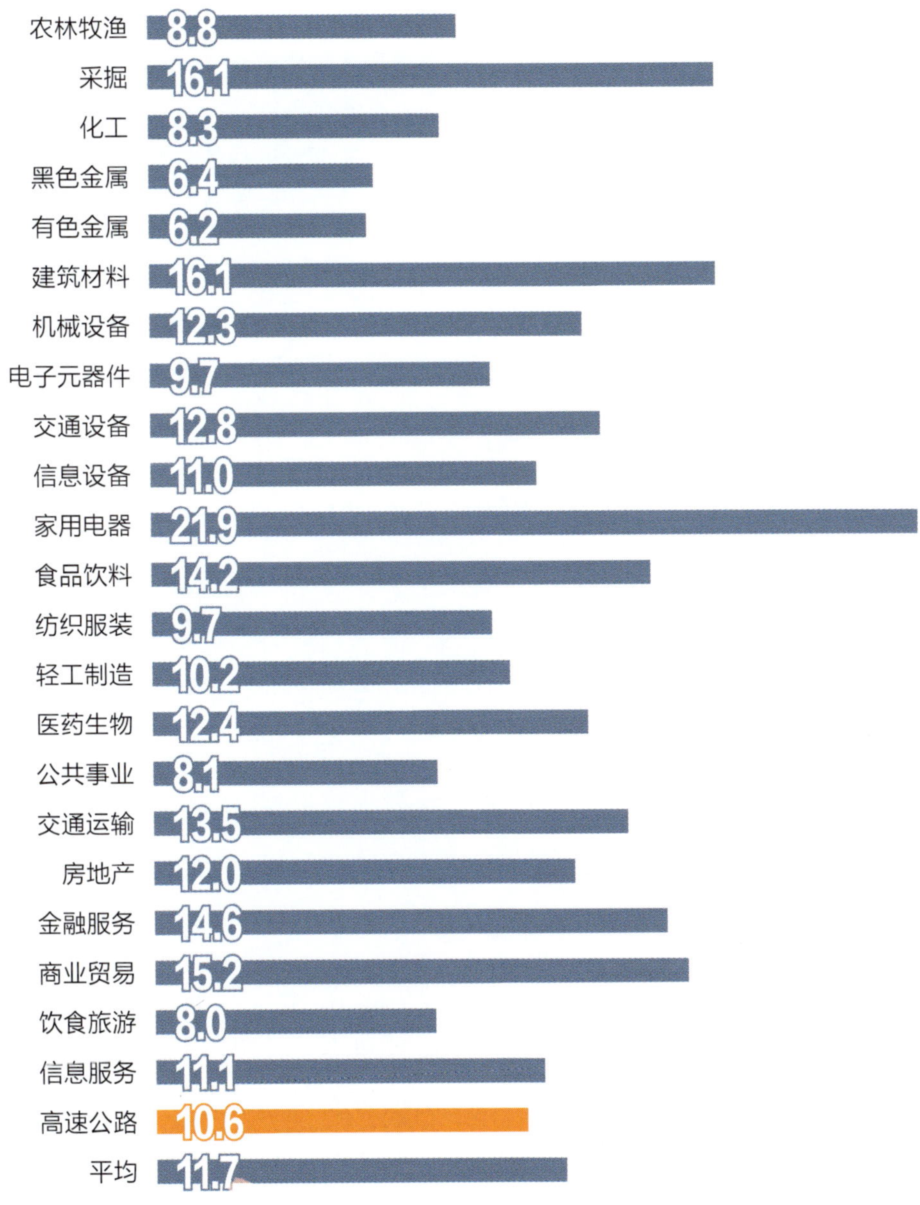

Tip 名词解释

毛利率 毛利率=（营业收入-营业成本）/营业收入，并不是一个用来反映企业实际盈利水平的指标，因为营业成本只是一种“表面成本”，在收费公路领域主要是指通行费征收成本，如收费员工资、水电、办公等，并不包含偿还贷款、公路养护和大中修等成本，因此毛利率很高的收费公路项目最终算下来很可能是严重亏损的。

净利润 通行费收入在扣除营业成本后，还要用来偿还银行贷款、回收初始投资、开展大中修，再有剩余才是净利润。只有净利润和净利率才是真正评估盈利水平的指标。

16. 公路收费标准是怎么确定的？

按照《收费公路管理条例》的规定，政府还贷公路收费标准是按照在收费期内足额偿还债务的原则确定，经营性公路收费标准是按照在收费期内收回投资且有合理回报的原则确定。由于收费的最长期限在《条例》中已经有明确规定，因此收费标准主要是由公路建设成本和交通量所决定的，理论上造价越高收费标准也会越高。但在实践中，虽然近十年来，公路造价大幅度上涨，但是新建成的高速公路的收费标准多参照已有高速公路的标准确定。这也是造成许多新建高速公路出现利息偿还困难的重要原因。

2011 年，中国高速公路小客车收费标准平均为每公里 0.45 元。其中，80% 的高速公路每公里小车的收费标准在 0.4 元至 0.6 元之间，10% 的项目收费标准低于 0.4 元，10% 的项目收费标准高于 0.6 元，最高的个别项目达到每公里 1 元，最低的个别项目仅为每公里 0.2 元。收费标准的差异，主要由于项目所处地区经济发展水平、通车时间、工程规模、施工难度、建设成本、养护费用的不同而造成的。例如，西南山区的高速公路由于建设难度大、桥隧比例高、环境保护工程多等原因，其造价要比西北戈壁地区高出数倍甚至十倍。但对使用者而言，高速公路带来的服务效果差别并不大，公众也不太接受理应相差数倍并随造价同步上涨的收费标准。为了尽量消除这种现象，有些省份通过收费公路"统贷统还"的方式，实现了新老项目的共同核算，使收费标准在一个地区基本相同。

17. 公路收费期限是怎么确定的?

每条公路的收费期限，都是由省、自治区、直辖市人民政府按照《收费公路管理条例》审查批准的。主要规定是：政府还贷公路的收费期限，按照通过收费偿还贷款、偿还有偿集资款的原则确定，最长不得超过 15 年；国家确定的中西部省、自治区、直辖市最长不得超过 20 年。经营性公路的收费期限，按照收回投资并有合理回报的原则确定，最长不得超过 25 年；国家确定的中西部省、自治区、直辖市，最长不得超过 30 年。

政府还贷公路还完贷款应停止收费。而经营性公路的收费期是投资时就确定的，与是偿还贷款没有关系。在 2011 年收费公路专项清理中"超出批准收费期限"和"还完贷款继续收费"等违规情况都已被统一要求整改。但是，一些早期修建的四车道高速公路为缓解拥堵现已扩建为八车道，为此增加的投资和贷款已经超过最初建设成本，同时还产生了新的投资和债务，如何合理地重新核定其收费期限目前还没有明确的规定。这是即将修订的《收费公路管理条例》需要妥善解决的问题。

国外看点

金门大桥建成于1937年，是美国旧金山的地标，建成后开始收取过桥通行费直到目前。早在1923年（大桥开工建设10年前），当地议会就通过法案，同意政府借贷筹集资金建设大桥，并通过收费由大桥使用者支付投资成本。大桥的收费费率受物价水平变动的影响，由最初的0.5美元逐步上调至5美元，但每次调价都需要经过地方议会的批准。大桥由地方交通行政部门所属的“金门大桥管理处”负责管理和维护工作，在偿还建设债务后，过桥通行费收入成为大桥养护和管理经费的来源，目前收费用途：30%用于桥梁的维护与管理，50%用于地方政府的公共交通支出，剩余20%用于补贴地方政府财政收入、平衡预算。大桥从建设到维护的全部成本均通过通行费回收。

收费公路政策不仅可以作为公路建设的资金来源，在公路专项税不足时，也完全可以成为支持公路养护与更新改造的资金来源。因为，只要公路存在，就必须通过不断的日常养护与周期性的大中修以保证持续的通行服务，不论建设成本还是维护成本都需要依靠公路税费，对以维护为目的的公路收费同样符合多用路者多负担的“受益原则”。

18. 公路“统贷统还”指的是什么?

在实践中，收费公路收费收入的管理和使用有两种方式：一种是单一公路建设项目自收自支，实行独立核算的方式；另一种是多个项目共同核算，实行“统收统支、统贷统还、交叉补贴”的方式。《收费公路管理条例》中规定：“省、自治区、直辖市人民政府交通主管部门对本行政区域内的政府还贷公路，可以实行统一管理、统一贷款、统一还款。”统贷统还实质上是平衡众多收费公路项目收支的一种统筹融资模式。统贷统还与独立核算相比，一是可以在全省（区、市）范围实施统一的收费标准，避免因公路造价差异导致的不同路段收费标准的高低不同；二是可以降低融资成本，争取利率优惠，提高资金使用效率；三是整体收费公路网的收支情况更加清晰透明，有利于合理控制建设速度，降低债务风险。

国内案例

辽宁省高速公路管理模式：辽宁省交通运输厅作为高速公路投融资主体，统一负责全省高等级公路资金的筹集和偿还；高速公路管理局（事业法人）作为高速公路的运营主体，负责高速公路的收费和养护；高等公路建设局作为厅授权的项目法人单位，负责对全省高速公路项目建设招标实施监管。辽宁模式由于实现了项目之间的交叉补贴，大幅降低了公路发展对债务性资金的依赖。在政府还贷二级公路首批撤收费站的13省中，辽宁省债务最少（52.8亿元），远低于12省均263.8亿元的水平；收费里程最短（2 682公里），远低于12省均11 056公里的规模。而辽宁15 214公里二级公路总里程却超过12省均近2 000公里，养护质量更是在全国名列前茅。

国际经验

日本的高速公路实行的是全国范围的“统贷统还”，所有收费公路资产和债务由一个法定机构统一管理，具体的收费和公路维护由六家国有运营公司分片区负责，法定机构与国有运营公司签订“委托收费养护管理”合同，即法定机构将高速公路“出租”给国有运营公司，收取的通行费的绝大部分都以租金的形式由国有运营公司上缴给法定机构，收取的租金不以盈利为目的，全额用于偿还日本收费公路债务，租金的标准按照通行费用扣除管理维护成本的原则确定，国有运营公司的角色类似于收费公路的“物业公司”，而法定机构则是“业主”的角色。

世行观点

为促进路网的协调发展，解决交通量在路网分配不均带来的巨大收入差异从而带来路网发展不均衡、“断头路”现象难以根治的问题，中国政府可以考虑借鉴日本、法国、意大利等国家经验，对全国收费公路进行分片区的统一收费管理。这一方法，旨在解决部分项目收入不足导致只能以贷还贷、部分项目收费盈余挪作它用的问题，可以提高全路网债务的实际偿还能力。在许多国家，这类交叉补助被认为是支持高速公路网发展的关键财务手段。首先，对拥挤公路的收费是最为合理的，因为收费作为一种有效的价格工具，能够将稀缺的公路空间留给那些最需要它的用户。其次，这些公路获得的收入可以被重新分配到贫困地区。

——《中国高速公路：连接公众与市场，实现公平发展》（2007年）

收费公路与物流成本

19. 流通、物流和运输费用都是什么？

流通费用、物流费用、运输费用是三个容易被混淆的不同概念，它们之间是从大到小、前者包含后者的关系。“流通费用”是指商品的流通过程（从生产出到最终消费者手中）中支出的各种费用之和，包含了所有中间环节的成本、利润与税费。而“物流费用”是指商品运送过程中所支出的人力、物力和财力的总和，除包含“运输费用”外，还有包装、仓储、装卸、管理等多项费用。所以运输费用只是流通费用的多个构成因素之一，而且是比例较小的因素。运输费用的多少取决于商品需要运输的距离和选择的运输方式，社会的运输费用简单的说就是运送一件商品时运输企业的“报价”。

案例分析

以2011年3月开展的流通成本调研为例，海南出产的圆椒运至北京销售，在整个流通成本构成中，中间环节的交易费用占54%（包括各级中间商利润、摊位费和进场费、税费），包装、制冷和人工费占23%，城市配送费占4%，长途运输费用占19%（主要是海南至北京3 300多公里的燃油消耗和驾驶员费用）。在中短途产品运输方面，运输费用会大幅下降，中间交易环节占比更高，如山东寿光批发市场的西葫芦，运到北京五环时，已含运输费用的批发价格仅为0.36元/斤，而进入市内的商场后，价格却飙升至1元/斤，在其整个流通成本构成中，运输费用只占10.5%，中间环节交易费用占63%，由此可见，中间交易环节的费用是影响流通费用的最大因素。因此，想用降低运输费用（运输企业报价）的方式来大幅降低流通费用是无法实现的。

20. 收费公路与物流成本有什么关系？

2011年，各省级政府公布的中国货车通行费收入约为1 600亿元，仅占我国同期84 000亿元物流总费用的1.9%，相当于物流企业运输收费的1/28，即中国运输企业每收取10元运费，只有不到0.36元用于缴纳公路通行费。从2006年开始，上述比率一直呈逐年下降趋势。公路通行费占物流费用和运输费用比例很小的原因是，它与税费、燃料费、人工费不同，并不具有必然性和强制性。因为有超过400万公里的不收费普通公路可以完成货物的运输，收费公路只是为运输企业多提供了一种选择。因此，只有在时间效益、周转效率、燃油经济性更高、总成本更低的情况下，公路货运企业才会放弃不收费的普通公路而选择通行收费公路。

2011年全国物流费用构成（单位：亿元）

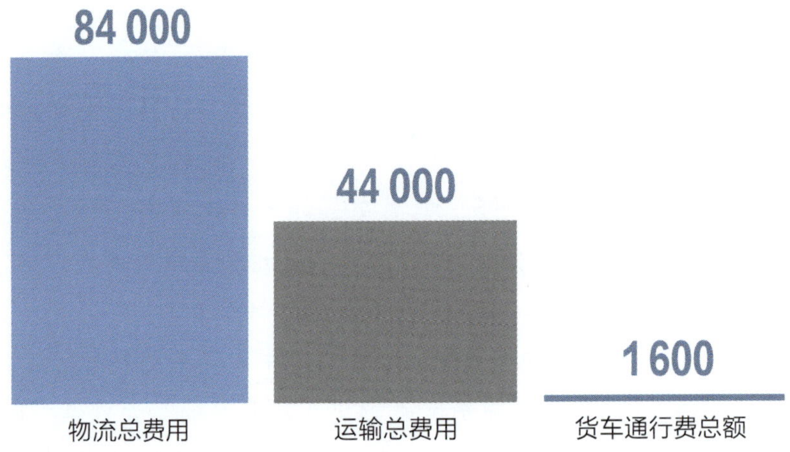

另一方面，我国收费公路的通行费标准一般是在公路通车时就确定，并长期维持不变的。以北京为例，京石高速公路执行的收费标准是1994年制定的，京津唐高速公路的标准是1998年制定的，八达岭、京哈、京开、六环等高速公路的标准是2000年制定的，而京承高速公路、机场北线、国道110线等2001年后陆续建成的高速公路执行的也是2000年制定的收费标准。因此，一辆相同载重的货车，在使用相同里程收费公路时所支付的费用，基本上与10年前甚至15年前完全一样，而一个从未上涨的通行费收费标准不可能是推动下游运输成本上涨的原因。因此，近几年物价持续上涨与十几年标准未发生变化的收费公路关系其实并不大。

专家观点

收费公路的发展与物流业的发展并不是对立的关系。加快公路基础设施建设的目的，恰恰是为了提高公路的通行能力与运输效率，从而降低全社会物流成本。没有收费公路政策建成的高等级公路，就不可能有我国物流行业的快速发展。统计数据也显示，随着收费公路政策建成的高等级公路里程的快速增加，即使在燃油价格不断上涨的情况下，公路货运成本也在逐年下降。道路运输综合运价指数从 2006 年的 78.1 下降到了 2010 年的 65.6，平均每年下降 5% 左右。此外，在讨论收费公路与物流成本的关系时，也不应简单地用通行一条高速公路后交费与不交费的情形作比较，因为没有收费公路政策，这条高速公路很可能是不存在的。因此，应对实施收费公路政策的路网与没有收费公路政策的路网两种情形下的物流成本进行比较。假定中国没有实施收费公路政策，中国的高速公路规模可能不到目前的十分之一，路网的平均车速可能仅是现在的一半，货物的在途时间和燃油消耗都会大大高于当前水平。现在 2 天时间就可以完成的公路运输很可能要七八天才能完成，而由此增加的燃料、人工、效率等成本也会远远超过通行费用。

案例分析

2011 年中国生猪价格出现了暴涨，从 12 元 / 公斤，最高涨到了 20.4 元 / 公斤。当时还有很多媒体和专家说是公路收费导致物流成本上升，提高了生猪价格。而实际情况却是，我国早在 2010 年就已经对运送生猪的货车免收通行费了，在猪肉价格暴涨的同时，公路通行成本其实是在下降的，涨价的真正原因是市场上的生猪供不应求。这个案例充分说明，物价上涨的关键因素不是公路收费，而是市场的供需。

21. 物流费用占GDP比例反映了什么?

“社会物流总费用占GDP比例”是一个反映经济结构的指标，并不是一个成本的概念，用该指标推测“中国物流成本高于发达国家”其实是一种误读。因为一个国家的“物流总费用”取决于“物流总量”和“物流成本”两个因素。由于经济结构与发展阶段不同，各国在实现相同规模GDP的过程中对货物运输的需求强度也不同。发达国家GDP构成主要是高科技、信息产业、金融服务、生物科技，其产业结构特征是以服务业等第三产业为主。中国GDP构成主要是工业、投资和出口，表现出很强的第二产业结构特征。因此，与发达国家比，中国单位GDP所需的货物运输量远高于发达国家。目前，中国每万美元GDP所需的货运量为55吨，而美国只有10吨，相差5倍多。2007年，中国GDP为3万亿美元，与德国的3.2万亿美元基本持平，但中国物流总费用大约是德国的2倍，这是因为中国社会的物流周转总量是德国的10倍，也就是中国用德国2倍的总费用完成了德国10倍运输。可见“社会物流总费用占GDP比例”反映的

是中国“世界工厂”的经济结构特性和中国的发展阶段特征，绝非社会物流成本概念。

	物流成本 ×	货物周转量 =	物流总费用
德国	10	1	10
中国	2	10	20

注：表中数字仅表示比例关系。

专家观点

用“物流总费用占GDP比例”来谈论物流成本问题，是一种误读，它混淆了“总量”和“成本”两个完全不同的概念。物流成本应该是货物运输单位里程和单位重量所需要支付的费用，成本的单位是“元/吨公里”。“物流总费用”是用所有货物的重量和运送里程乘以“物流成本”，单位是“元”。可以用一个简单的例子来理解总量和成本的不同：二十车煤炭和一车药品可以创造相同的GDP，在运输距离相同的情况下，二十车煤炭的物流总费用肯定会高于一车药品的总费用，因此煤炭“物流总费用占GDP比例”必然会高于药品，但这并不代表煤炭的物流成本就比药品高，因为物流成本应该用每车的单位重量里程运输费用作比较，实际情况也是散货的煤炭运输成本一般是低于集装箱药品的。其实，“物流总费用占GDP比例”是一个反映经济结构的中性指标，既不是越高越好，也不是越低越好。在没有交通基础设施的极度贫困国家，还处于自给自足的部落式经济，由于基本不存在货物运输，所以物流总费用占GDP的比例几乎为“0”，但货物运输却是极为困难且运输成本极高的。在以物流为单一支柱产业的港口城市，其物流总费用占GDP的比例非常高，甚至可以超过50%，但这也只是说明其物流产业发达和繁荣，其他产业相对滞后而已，跟物流成本没有任何关系。

Tip 名词解释

物流总费用及其构成 物流总费用是指国民经济各方面用于社会物流活动的各项费用支出，包括运输费用、保管费用、管理费用三部分。运输费用主要包括运费和装卸搬运等辅助费；保管费用主要包括利息费用、仓储费用、保险费用、货物损耗费用、信息及相关服务费用、流通加工费用、包装费用、其他保管费用；管理费用包括管理人员报酬、办公费用、教育培训、劳动保险、车船使用等各种属于管理费用科目的费用。根据国家发改委、国家统计局2007年—2010年公布的年度全国物流运行情况通报，社会物流总费用见下表。

年份	社会物流总费（万亿元）	占GDP比重	运输费用（万亿元）	占社会物流总费用比重	保管费用（万亿元）	保管费用占比	管理费用（万亿元）
2007	4.54	18.4%	2.47	54.4%	1.49	32.8%	0.58
2008	5.45	18.1%	2.87	52.6%	1.89	34.7%	0.70
2009	6.08	18.1%	3.36	55.3%	2.0	32.9%	0.72
2010	7.1	17.8%	3.8	54%	2.4	33.8%	0.90
2011	8.4	17.8%	4.4	52.4%	2.9	34.5%	1.07

从上表可以看出，近几年来社会物流总费用占比重约为18%，呈缓慢下降趋势。其中，运输费用占社会物流总费用比重约为52.4%，四年下降了2%；而保管费用和管理费用占比上升了2%。

22. 中国的物流成本比发达国家高吗?

物流成本简单的说就是物流企业的报价，即公众或一般企业托运一件货物的价格。在货物的体积、重量、运送里程相同情况下，我国的物流成本约为美国的三分之一和德国的四分之一。

案例分析

社会物流成本是指货物在运输过程中所耗费的货币表现，简单地说就是物流企业的报价，也就是社会公众或企业托运货物所要支付的收费标准。以一个 1 公斤标准体积货物分别在美国和中国的物流成本为例，通过公路运输的方式从华盛顿运送到芝加哥，行程 1 126 公里，费用是 8.58 美元，约 55.74 元人民币。而在中国，从北京到上海，行程 1 235 公里，比前者多 111 公里，采用相同的运输方式，费用只有 20 元人民币，约为美国的 1/3。同样，在货物重量、体积、运送里程相同的情况下，德国货物托运的价格是 6.9 欧元，中国是 15 元人民币，德国物流成本是中国的 4 倍多。

Part 5

未来收费公路政策的完善

23. 加大财政投入实施总量控制

随着中国政府财力逐步增强和公路网络日趋完善，可以对收费公路的里程规模和发展速度进行适当控制。

一是通过加大财政资金对公路建设养护的投入，发挥政府在公路建设和发展中的主导作用，承担政府应尽的公共财政义务，减少公路发展对债务性资金的依赖，凸显公路的公益属性，确保非收费普通公路可以满足公众最基本的出行需求。

二是按照《收费公路管理条例》的规定，坚持“量力而行、尽力而为”的原则，以非收费公路为主、适度发展收费公路，合理把握收费公路建设与发展的速度，从严控制收费公路建设项目的审批，对收费公路

实行总量控制，逐步使收费公路集中在高速公路、大型独立桥隧和少量一级公路。

三是优化公路建设投资结构，进一步拓宽融资渠道，通过向社会公众发行债券等方式，降低收费公路投资门槛，吸引社会公众资金，这样既能降低收费公路融资成本，也能让普通公众有机会获得投资收费公路的合理回报，还能为经济社会发展提供可自由选择的便捷、优质的收费公路通行服务。

24. 取消政府还贷二级公路收费

2009 年成品油税费改革以来，根据国务院统一部署，交通运输部会同有关部门指导各地，启动了逐步有序取消政府还贷二级公路收费工作。截至 2012 年底，全国已有 21 个省份全面取消了政府还贷二级公路收费，共撤销收费站 2 383 个，减少收费公路里程 12.41 万公里。由于西藏没有收费公路，北京、上海、海南已经提前取消还贷二级公路收费，目前全国只有内蒙古、广西、甘肃、青海、宁夏、新疆 6 个西部省份还没有取消政府还贷二级公路收费。下一步，交通运输部将会同有关部门，对取消政府还贷二级公路收费的成效进行评估，进一步争取国家政策支持，帮助西部其他地区加快推进取消政府还贷二级公路收费工作，进一步减少收费公路规模，优化收费公路结构，做好取消收费公路的还债与养护资金保障，方便城乡居民便捷经济出行，更好地促进城乡和区域统筹发展。同时，研究取消一级及以下公路收费的可行性、时机和资金替代来源等保障措施，未来将统筹发展以高速公路为主的低收费、高效率的收费公路体系和以普通公路为主的体现政府普遍服务的非收费公路体系。

25. 制定收费公路信息公开办法

公路是国家重要的基础设施和公共产品，其公益性并不因为筹资的方式是收费还是收税发生变化。但无论是哪种筹资方式，都应全面实行信息公开，自觉接受所有公众的监督。《收费公路管理条例》已对收费公路基本信息公开做出了明确规定，包括收费依据、收费标准、收费年限等信息已在全国所有收费站进行了公示。2011 年，交通运输部联合相关部门组织开展了收费公路专项清理，要求各省级人民政府全面清查和核实本行政区域内收费公路项目、里程规模、站点设置、投资债务、收入支出等有关情况，并于 2011 年 10 月将收费公路调查摸底结果在各省级人民政府门户网站向社会公众公布，首次全面公开了收费里程、站点数量、投资债务、年度收支等信息，迈出了全国性收费公路信息公开的第一步。在总结收费公路摸底调查与结果公布经验基础上，交通运输部正在研究规范收费公路发展的长效机制，完善收费公路相关法规，特别是建立健全收费公路统计制度和监测制度。在 2012 年已启动了《收费公路信息公开办法》的制定工作（2011 年写入五部委正式文件），未来收费公路信息公开将不只是审批单位、管理单位、收费站点、收费期限等基础信息，还将定期公开通行费收支等运营管理信息，客观、真实、全面地反映中国收费公路运行情况，做到真正的公开透明，经得起社会公众的检验，从根本上确保收费公路规范透明管理和科学可持续发展。

26. 提高通行效率提升服务水平

在公路交通量迅猛增长的情况下，推广应用电子不停车收费（ETC）技术，可以进一步提高收费公路的通行效率和服务水平，降低管理费用和征收成本。2004 年开始，交通部就启动了 ETC 相关问题的研究和技术标准制定工作，2007 年出台了 ETC 国家标准和行业技术规范，同时组织开展京津冀和长三角区域高速公路联网电子不停车收费示范工程。2010 年 7 月 28 日，长三角区域沪、苏、皖、赣四省市 ETC 联网开通，同年 9 月 28 日，京津冀区域 ETC 联网开通。截至 2012 年底，全国正在建设和已经开通 ETC 的省份有 26 个，建成 ETC 专用车道 5 450 多条，ETC 用户超过 550 万。此外，北京等地还试点了将 ETC 技术应用于停车场缴费系统，为用户进一步提供便利。下一阶段，交通运输部将努力推动联网区域范围的扩大，推广货车应用非现金支付功能，组织制定全国统一的 ETC 车道及客服网点的标准、规范及标识，明确对用户的服务水平与要求，研究采用统一结算模式实现全国范围联网通行的可行性。

与非收费公路相比，收费公路在满足公众的通达、安全、可靠等基本需求之外，还应提供更多、更好的可选择服务，特别是更人性化、便捷化的服务。目前，交通运输部还在研究制定《高速公路服务标准》，使收费公路服务水平在信息服务、交通广播、服务区、救援服务、应急抢险等方面进一步提升，为公众提供更多更好的统一、标准、规范的公路出行服务。

27. 推进公路“两个体系”建设

2011年8月，国务院办公厅《关于促进物流业健康发展政策措施的意见》中明确提出了“公路两个体系”的发展方向，即“统筹发展以普通公路为主的体现政府普遍服务的非收费公路和以高速公路为主提供快捷、高效服务的收费公路”。为了实现该目标，一是继续坚持收费公路政策，资金以融资成本低且易于监管的债券和低息贷款为主，其收费不以盈利为目的，收费标准按照足额偿还贷款本息、返还投资者合理回报、正常管理维护的原则确定，同时建立严格的收费公路管理监管机制，最终将中国收费公路在公路网的比重控制在4%左右；二是结合取消政府还贷二级公路收费，建立以公共财政投入为主的普通公路投融资机制，加快建设在公路网中处于主体地位的、约占全国公路里程96%的非收费公路，确保通达所有城市和乡村，同时尽量避免使用债务性资金，充分体现公共服务均等化的要求和公路基础设施的公益性；三是尊重和给予公众出行的选择权，努力做到在每条收费公路的附近或平行走向上有一条以上可供选择的非收费公路，为全社会提供基础的普遍服务。

此外，进一步深化公路管理体制改革，尽快出台指导地方公路管理体制改革的指导性文件，明确路网分级管理事权与财权职责分工，建立建管养相衔接、事权和财权相匹配的科学的公路管理体制，逐步实现以政府公共财政保障非收费公路的建设与养护资金需求。对于未来收费到期的高速公路的养护与维修，是实行收费养护还是收税养护，在修订《收费公路管理条例》时将会向社会公众广泛征求意见，未来的收费公路政策一定是公众选择的结果。

专家观点

构建“公路两个体系”，是基于中国长期处于社会主义初级阶段与公路发展实际提出的公路科学发展战略，是为了解决经济社会的公路旺盛需求与政府财政能力不足之间的矛盾。对于政府来说“收费”只是为公众“建路养路”的手段而不是目的，收费公路仍然是一种公共产品。目前收费公路融资成本高是因为投资门槛过高导致的，一直以来只有大型企业或财团才有资格投资收费公路，而普通公众却没有任何投资渠道，未来国家可以通过发行公路债券的形式降低投资门槛，让普通公众也得到公平的投资机会，这样可以通过投资者之间的竞争大幅降低收费公路融资成本，用市场机制和公开招标的办法确定收费公路投资的合理回报率。在收费模式上可以考虑采取投资与收费经营分开的形式，避免企业瞒报收入和做大成本。通行费先全额上缴政府，再由政府按协议支付所有投资者合理回报，如收入低于约定的合理回报，政府予以补足。这样既可以解决公众强烈反映的个别收费公路企业“暴利”问题，也能保护企业和公众投资者的合法权益，保持收费公路的投资吸引力，确保社会融资的可持续，避免属于国家的公路行政性固定资产被变成公司的经营性固定资产。收费公路的资金收支、投资协议、债务情况以适当方式向社会公开，接受监督。作为公共产品，政府发展收费公路不应以盈利为目的，通行费收入除了偿还贷款本息、有偿集资款、返还社会融资回报外，应全部用于公路的养护维修与改善，确保所有通行费收入“取之于车，用之于路”，让公众切实感到“收的透明，交的合理”，以更低的成本为公众提供更好的公路基础设施和服务，维护广大人民的根本利益。

Part 6

收费公路政策历程

1978年

- 改革开放后，公路基础设施的落后，远远不能满足不断增长的社会需求，成为严重制约中国国民经济发展的“瓶颈”。

1980年

- 珠江三角洲地区、长江三角洲地区及其他经济先行发展地区的重要公路通道上，交通拥挤现象日益加剧。

1981年

- 广东率先进行公路建设投融资方式的改革尝试，引进澳门贷款1.5亿港元，以投资改建105国道广州—佛山—珠海公路的4个渡改桥，并通过收取车辆通行费的方式还贷。随后又集资1亿元人民币改造107国道广州至深圳东莞路段。

1984年

- 1月1日，广深公路上的中堂、江南两个大桥收费站正式收费，成为中国最早的收费站。
- 国务院第54次常务会议作出“贷款修路、收费还贷”的重要决定。
- 6月7日，沈（阳）大（连）一级汽车专用公路开工，全长375公里。
- 12月21日，中国大陆首条收费高速公路——上海至嘉定高速公路开工。

1985年

- 5月23日，沪（上海）杭（州）高速公路莘庄至松江段正式开工，全长20.5公里。

1986年

- 中国公路“七五”发展目标和主要任务提出，积极利用收费公路政策，计划建成高速公路和一级公路1 600公里。
- 沈大公路沈阳至鞍山段建成，成为全国已建成的最长的一级汽车专用公路。

1987年

- 国务院颁布了《公路管理条例》，对收费公路进行了专门规定。
- 12月，(北)京(天)津塘(沽)高速公路动工，长142.69公里，是中国利用世界银行贷款进行国际公开招标建设的第一条高速公路。

1988年

- 交通部、财政部、国家物价局联合发布了《贷款修建高等级公路和大型公路桥梁、隧道收取车辆通行费规定》，第一次对中国收费公路政策的目的、设置条件、审批程序、收费标准制定、收费收入使用和管理等作出了明确的规定。
- 10月31日，沪嘉高速公路建成通车，结束了中国大陆没有高速公路的历史。
- 11月4日，沈大高速公路南北两段共131公里完工，对辽东半岛的对外开放和东北地区的经济发展具有很大促进作用。

1989年

- 交通部在辽宁沈阳召开高等级公路建设经验交流现场会，国务委员邹家华会上指出：“高速公路不是要不要发展的问题，而是必须发展。”结束了中国是否要发展高速公路的争论，确定了包括收费公路在内的高等级公路建设规划、筹资、优惠等10条政策和措施。
- 全年共建成高速公路124公里，半幅高速公路48公里，一级公路428公里，高等级公路建设取得突破性进展。

1992年

- 《“五纵七横”国道主干线规划》获国务院批准。规划30年建成3.5万公里高速公路。收费公路政策的实施，使规划提前13年实现。

1993年

- 中共十四届三中全会后，收费公路融资渠道和手段进一步多元化，通过国际、国内资本市场发行股票和转让收费经营权的直接融资方式增多，逐步形成了“国家投资、地方集资、社会融资、利用外资”的公路建设投融资发展模式。

1994年

- 交通部、国家计委、财政部印发了《关于在公路上设置通行费收费站（点）的规定》。
- 交通部印发了《关于转让公路经营权有关问题的通知》。

1996年

- 交通部先后印发了《公路经营权有偿转让管理办法》和《贷款修路、收费还贷审计办法》。
- 北京、广东分别在首都机场高速公路和广佛路实验应用ETC（电子不停车收费）。

1997年

- 《中华人民共和国公路法》颁布实施，对收费公路的发展和管理做出了全面的规定。

1998年

- 中央政府实施了以扩大内需为目标的积极财政政策，公路交通基础设施被国家确定为优先发展的建设投资领域，国内各大银行对收费公路建设的贷款力度进一步加大，一批重要的国道主干线和省级干线公路的建设项目得以加快实施。
- 全国高速公路总里程达到8 733公里，居世界第四位。

1999年

- 交通部印发《关于认真做好公路收费站点清理整顿的通知》。
- 全国高速公路总里程突破1万公里。

2000年

- 全国高速公路总里程达到1.6万公里，居世界第三位。
- 交通部副部长胡希捷主持开展了《收费公路政策研究》，系统评估了实施15年的收费公路政策，提出未来发展思路并着手开展收费公路条例的制定工作。

2002年

- 国务院办公厅印发《关于治理向机动车乱收费和整顿道路站点有关问题的通知》。

2003年

- 1月，交通部印发《公路收费站点清理整顿指导意见》。全国各地先后撤销公路收费站点1 200多个。
- 4月，交通部印发《收费公路车辆通行费车型分类》行业标准。

2004年

- 5月，交通部印发《关于收费公路统计报表制度的通知》。
- 8月，国务院颁布《中华人民共和国收费公路管理条例》，规定东部地区不再允许新建二级收费路，提出了不同地区、不同类型收费公路的最长收费年限，并首次明确了“统贷统还”制度。
- 交通部印发《关于做好<收费公路管理条例>贯彻实施工作的通知》，要求各级交通主管部门和公路管理机构依法履行收费公路的行业监管职能。

2005年

- 交通部、公安部、农业部、商务部、发展改革委、财政部、国务院纠风办制定实施《全国高效率鲜活农产品流通“绿色通道”建设实施方案》。

2006年

- 11月，针对收费公路转让存在的问题，交通部印发《关于进一步规范收费公路管理工作的通知》，规范收费公路转让经营权工作，加强收费公路项目的审批把关，严格收费站点设置管理。

2009年

- 国务院决定自2009年1月1日起实施成品油税费改革，取消在成品油价外征收的公路养路费、航道养护费、公路运输管理费、公路客货运附加费、水路运输管理费、水运客货运附加费6项收费，逐步有序取消政府还贷二级公路收费。

2010年

- 交通运输部、发展改革委印发《关于进一步完善和落实鲜活农产品运输绿色通道政策的通知》，规定自2010年12月1日起，所有收费公路对整车合法装载鲜活农产品的车辆免收通行费。
- 因车流量增长远远超过了现有路网通行能力，京藏高速公路河北—北京段出现大堵车。

2011年

- 交通运输部、国家发展改革委、财政部、监察部、国务院纠风办五部门联合在京召开全国收费公路专项清理工作电视电话会议，宣布自6月20日起，在全国范围内开展为期1年的收费公路专项清理工作。
- 时任交通运输部部长李盛霖在全国交通运输工作会议上提出统筹发展以普通公路为主的非收费公路体系和以高速公路为主的收费公路体系的未来发展思路。

2012年

- 沪嘉高速公路于2012年1月1日起停止收费，调整为城市快速路，并按标准实施设施改造。
- 2012年7月24日，出台《重大节假日免收小型客车通行费实施方案》。